PLANETA ANIMAL

LOS ANTÍLOPES AMERICANOS

POR CHRISTOPHER BAHN

CREATIVE EDUCATION • CREATIVE PAPERBACKS

Publicado por Creative Education y Creative Paperbacks
P.O. Box 227, Mankato, Minnesota 56002
Creative Education y Creative Paperbacks
son marcas editoriales de The Creative Company
www.thecreativecompany.us

Diseño de The Design Lab
Dirección de arte de Graham Morgan
Editado de Jill Kalz

Fotografías de flickr/Tom Koerner/USFWS, 17; Getty Images/Art Wolfe, 5, FRANKHILDEBRAND, 18, greymountainphotography, 9, gsagi, 22-23, TSnow-Images, 14; Pexels/Brett Sayles, 2, Dick Hoskins, 21, Ken Frank, 6; Shutterstock/Chris Desborough, portada, 1; Unsplash/Patrick Hendry, 10; Wikimedia Commons/Kenraiz, 12, Trevor Sullivan, 13, USFWS Mountain-Prairie, 20

Library of Congress Cataloging-in-Publication Data
Names: Bahn, Christopher (Children's story writer), author.
Title: Los antílopes americanos / by Christopher Bahn.
Other titles: Pronghorn. Spanish
Description: Mankato, Minnesota : Creative Education and Creative Paperbacks, [2025] | Series: Planeta animal | Includes bibliographical references and index. | Audience: Ages 6–9 | Audience: Grades 2–3 | Summary: "Discover the made-for-speed pronghorn in this North American Spanish translation! Explore the deerlike mammal's anatomy, diet, habitat, and life cycle. Captions, on-page definitions, a Blackfeet animal folktale, and an index support elementary-aged kids"—Provided by publisher.
Identifiers: LCCN 2024018549 (print) | LCCN 2024018550 (ebook) | ISBN 9798889895602 (library binding) | ISBN 9781682777459 (paperback) | ISBN 9798889895701 (ebook)
Subjects: LCSH: Pronghorn—Juvenile literature. | Pronghorn—Behavior—Juvenile literature. | Adaptation (Biology)—Juvenile literature.
Classification: LCC QL737.U52 B3418 2025 (print) | LCC QL737.U52 (ebook) | DDC 599.63/9—dc23/eng/20240523

Impreso en China

Índice

Aunque a menudo se les llama venados o antílopes, los antílopes americanos están más emparentados con las jirafas.

Los antílopes americanos son **mamíferos** parecidos a los venados. Viven en el oeste de Estados Unidos, Canadá y México. Los antílopes americanos son conocidos por su velocidad. Se encuentran entre los animales más rápidos de la Tierra.

mamíferos animales con pelo o piel que paren crías vivas y las alimentan con leche

Los antílopes americanos tienen el pelaje de color canela y blanco. Tienen pezuñas de dos dedos y patas largas. Los machos tienen cuernos negros cortos con puntas afiladas. Los animales con pezuñas y cuernos se llaman bóvidos. Las vacas y las ovejas también son bóvidos.

Los antílopes americanos no necesitan mucha agua y pueden sobrevivir en lugares muy secos.

El antílope americano mide alrededor de 3 pies (0,9 metros) de altura a la altura del hombro. Las hembras pesan entre 70 y 100 libras (31–45 kilogramos). Los machos pesan entre 100 y 150 libras (45–68 kg). En libertad, los antílopes americanos suelen vivir de cuatro a cinco años.

Los antílopes americanos (English: pronghorn) deben su nombre a las puntas orientadas hacia delante de sus cuernos.

El color del pelaje del antílope americano le ayuda a mimetizarse con el suelo arenoso y los pastos secos.

Muchos antílopes americanos tienen su hogar en la pradera cercanos a las Montañas Rocosas. Se les da muy bien vivir en la pradera. Se han adaptado a los inviernos fríos y los veranos calurosos. Otros antílopes americanos viven en desiertos secos.

adaptado cambiado para mejorar las posibilidades de supervivencia

pradera una gran superficie, en su mayor parte desarbolada, cubierta de gramíneas y arbustos cortos.

La artemisa, comida favorito de los antílopes americanos

Los antílopes americanos comen hierbas y plantas con flores. También comen arbustos y cactus. Sus estómagos son duros. Los antílopes americanos se alimentan de 400 tipos de plantas. Muchas de esas plantas harían enfermar a otros animales.

Los antílopes americanos pasan gran parte del día comiendo para mantener su energía.

En pocos días, los jóvenes antílopes americanos pueden correr más rápido que un ser humano.

En la primavera, las hembras dan a luz. Normalmente tienen dos crías, llamadas cervatillos. Los cervatillos se camuflan entre la hierba alta. Su madre los alimenta con leche. Al cabo de unas dos semanas, las madres y los cervatillos se reúnen con el grupo principal.

camuflaje para mimetizarse con el entorno

Las manadas de antílopes americanos se desplazan cientos de millas cada año para encontrar comida y evitar la nieve.

En el verano, los antílopes americanos viven en pequeños grupos llamados bandas. Una banda tiene un macho y unas cuantas hembras. En el invierno, los antílopes americanos viven en grandes manadas. Puede haber miles de animales en una manada. Un gran número de animales mantiene a los berrendos a salvo de los **depredadores**.

depredadores animales que matan y se comen a otros animales

La velocidad

máxima de un antílope americano es de 60 millas (96 kilómetros) por hora. Sólo los guepardos corren más rápido. Pero los antílopes americanos pueden correr durante más tiempo. Pueden correr 7 millas (11 km) o más sin parar.

Los antílopes americanos pueden zigzaguear fácilmente por el terreno irregular de la pradera.

Además de la velocidad de los antílopes americanos, utilizan la vista para mantenerse a salvo. Sus ojos son tan grandes como los de un elefante. Pueden ver el peligro hasta a 3 millas (4,8 km) de distancia. Estos increíbles animales son difíciles de cazar!

Los antílopes americanos están siempre al acecho de peligros como coyotes hambrientos y lobos.

Un cuento de antílope americano

El pueblo de los Pies Negros tiene una vieja historia sobre el antílope americano. Cuando el dios Na'pi creó el antílope americano, lo puso a vivir en las montañas. Pero el antílope americano tropezó con el suelo rocoso. Se sintió desgraciado. Na'pi se dio cuenta de su error. Lo trasladó a las praderas. Allí podía correr más rápido que el viento. El animal fue feliz y vivió una buena vida.

Índice